中国电子信息工程科技发展研究

下一代互联网IPv6专题

中国信息与电子工程科技发展战略研究中心

科学出版社

北京

内 容 简 介

本书介绍了当前IPv6的国际部署情况，包括主要国家和主要运营商的IPv6部署情况，IPv6协议标准化现状，以及IPv6与其他未来互联网技术之间的关系。同时介绍了我国在IPv6方面的科研项目情况，运营商、高校和政府机构、内容提供商对IPv6的支持情况，以及在技术上的热点亮点。最后对我国IPv6的未来发展进行了展望。

本书可作为信息科技领域工程技术人员的参考书，也可为国家不同层面和不同领域的各界专家学者提供参考。

图书在版编目（CIP）数据

中国电子信息工程科技发展研究. 下一代互联网IPv6专题/中国信息与电子工程科技发展战略研究中心著. —北京：科学出版社，2019.5

ISBN 978-7-03-061297-7

Ⅰ. ①中… Ⅱ. ①中… Ⅲ. ①电子信息-信息工程-科技发展-研究-中国 ②计算机网络-通信协议-科技发展-研究-中国 Ⅳ. ①G203 ②TN915.04

中国版本图书馆CIP数据核字（2019）第097670号

责任编辑：赵艳春 / 责任校对：张凤琴

责任印制：吴兆东 / 封面设计：迷底书装

科 学 出 版 社 出版

北京东黄城根北街16号

邮政编码：100717

http://www.sciencep.com

北京虎彩文化传播有限公司 印刷

科学出版社发行 各地新华书店经销

*

2019年5月第 一 版 开本：A5

2020年7月第三次印刷 印张：2 1/4

字数：66 000

定价：99.00元

（如有印装质量问题，我社负责调换）

《中国电子信息工程科技发展研究》指导组

组长：

陈左宁　卢锡城

成员：

李天初　段宝岩　赵沁平　柴天佑

陈　杰　陈志杰　丁文华　费爱国

姜会林　刘泽金　谭久彬　吴曼青

余少华　张广军

国家高端智库

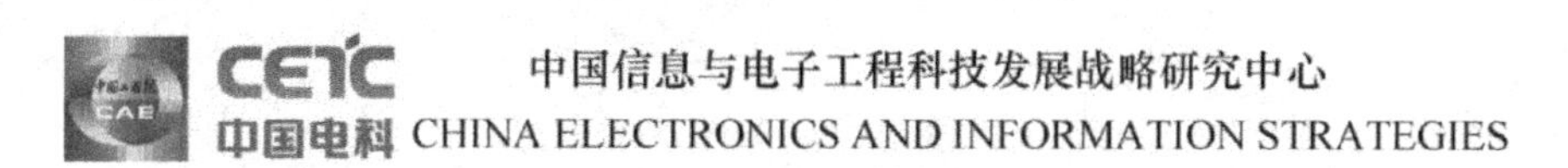

中国信息与电子工程科技发展战略研究中心简介

中国工程院是中国工程科学技术界的最高荣誉性、咨询性学术机构，是首批国家高端智库试点建设单位，致力于研究国家经济社会发展和工程科技发展中的重大战略问题，建设在工程科技领域对国家战略决策具有重要影响力的科技智库。当今世界，以数字化、网络化、智能化为特征的信息化浪潮方兴未艾，信息技术日新月异，全面融入社会生产生活，深刻改变着全球经济格局、政治格局、安全格局，信息与电子工程科技已成为全球创新最活跃、应用最广泛、辐射带动作用最大的科技领域之一。为做好电子信息领域工程科技类发展战略研究工作，创新体制机制，整合优势资源，中国工程院、中央网信办、工业和信息化部、中国电子科技集团加强合作，于 2015 年 11 月联合成立了中国信息与电子工程科技发展战略研究中心。

中国信息与电子工程科技发展战略研究中心秉持高层次、开放式、前瞻性的发展导向，围绕电子信息工程科技发展中的全局性、综合性、战略性重要热点课题开展理论研究、应用研究与政策咨询工作，充分发挥中国工程院院士、国家部委、企事业单位和大学院所中各层面专家学者的智力优势，努力在信息与电子工程科技领域建设一流的战略思想库，为国家有关决策提供科学、前瞻和及时的建议。

《中国电子信息工程科技发展研究》编写说明

当今世界，以数字化、网络化、智能化为特征的信息化浪潮方兴未艾，信息技术日新月异，全面融入社会生产生活，深刻改变着全球经济格局、政治格局、安全格局。电子信息工程科技作为全球创新最活跃、应用最广泛、辐射带动作用最大的科技领域之一，不仅是全球技术创新的竞争高地，也是世界各主要国家推动经济发展、谋求国家竞争优势的重要战略方向。电子信息工程科技是典型的“使能技术”，几乎是所有其他领域技术发展的重要支撑，电子信息工程科技与生物技术、新能源技术、新材料技术等交叉融合，有望引发新一轮科技革命和产业变革，给人类社会发展带来新的机遇。电子信息又是典型的“工程科技”，作为最直接、最现实的工具之一，直接将科学发现、技术创新与产业发展紧密结合，极大地加速了科学技术发展的进程，成为改变世界的重要力量。电子信息工程科技也是新中国成立 70 年来特别是改革开放 40 年来，中国经济社会快速发展的重要驱动力。在可预见的未来，电子信息工程科技的进步和创新仍将是推动人类社会发展的最重要的引擎之一。

中国工程院是国家工程科技界最高荣誉性、咨询性学术机构，把握世界科技发展大势，围绕事关科技创新发展的全局和长远问题，为国家决策提供科学的、前瞻的和及时的建议。履行好国家高端智库职能，是中国工程院的一项重要任务。为此，中国工程院信息与电子学部在陈左宁副院长、卢锡城主任和学部常委会的指导下，第一阶段(2015 年年底至 2018 年 6 月)由邬江兴、吴曼青两位院士负责，第二阶段(2018 年 9 月至今)由余少华、陆军两位院士负责，组织学部院士，动员各方面专家 300 余人，参与《中国电子信息工程科技发展研究》综合篇和专题篇(以下简称“蓝皮书”)编撰工作。编撰“蓝皮书”的宗旨是：分析研究电子信息领域年度科技发展情况，综合阐述国内外年度电子信息领域重要突破及标志性成果，为我国科技人员准确把握电子信息领域发展趋势提供参考，为我国制定电子信息科技发展战略提供支撑。

“蓝皮书”编撰的指导原则有以下几条：

(1) 写好年度增量。电子信息工程科技涉及范围宽、发展速度快，综合篇立足“写好年度增量”，即写好新进展、新特点、新趋势。

(2) 精选热点亮点。我国科技发展水平正处于“跟跑”“并跑”“领跑”的三“跑”并存阶段。专题篇力求反映我国该领域发展特点，不片面求全，把关注重点放在发展中的“热点”和“亮点”。

(3) 综合专题结合。该项工作分“综合”和“专题”两部分。综合部分较宏观地讨论电子信息领域科技全球发展态势、我国发展现状和未来展望；专题部分对 13 个子领域中热点亮点方向进行具体叙述。

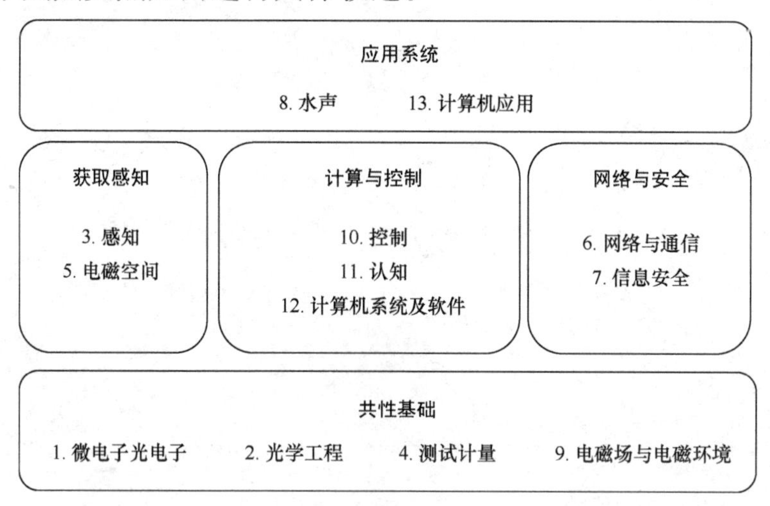

子领域归类图

5 大类和 13 个子领域如上图所示。13 个子领域的颗粒度不尽相同，但各子领域的技术点相关性强，也能较好地与学部专业分组对应。

编撰“蓝皮书”仍在尝试阶段，难免存在很多疏漏，敬请批评指正。

中国信息与电子工程科技发展战略研究中心

2019 年 3 月

前　言

互联网已经成为信息社会的关键性基础设施之一。互联网体系结构(Internet Architecture，IA)技术，被认为是与中央处理器(CPU)技术和操作系统(OS)技术同等重要的系统级支撑技术之一。一般认为，互联网体系结构主要包含三个方面的要素：传输方式、分组格式与路由控制。“无连接分组转发”的传输方式是构成互联网体系结构的基石性技术，对其进行改变的可能性极小。路由控制是互联网体系结构创新最活跃的方向，近年来多协议标签交换(Multi-Protocol Label Switching，MPLS)、软件定义网络(Software Defined Networking，SDN)、分段路由(Segment Routing，SR)等创新路由技术都属于这个范畴。而分组格式方面的最大变化，莫过于互联网从 IPv4 过渡到 IPv6。

伴随着互联网用户数量和接入节点数量的飞速增长，IPv4 地址空间不足的问题已经严重限制了互联网规模的扩展。随着 IPv4 地址分配完毕，互联网已经进入 IPv6 时代。IPv6 不仅把 IP 地址的长度从 32 位扩展到 128 位，从而解决 IPv4 地址短缺的问题，还在移动性、服务质量保证、网络安全等方面提供了更好的支持。从 20 世纪 90 年代中期开始，经过 20 多年的发展，IPv6 协议族的标准工作已经基本完成。互联网体系结构的权威标准组织互联网工程任务组(Internet Engineering Task Force，IETF)已经声明，今后的互联网协议标准(Request For Comments，RFC)只支持 IPv6，而不再支持 IPv4。IPv6 已经正式进入产业化落地阶段。

我国在 IPv6 下一代互联网领域的布局较早，在 2003 年，经国务院批准，国家发展和改革委员会、科技部、信息产业部、国务院信息化工作办公室、教育部、中国科学院、中国工程院和国家自然科学基金委员会八部委正式启动中国发展下一代互联网的起步工程：中国下一代互联网示范工程(China’s Next Generation Internet，CNGI)。该工程在中国工程院的具体组织协调下，建设中国下一代互联网示范网络，并在 2005 年成功建成了当时全球最大规模的纯 IPv6 网络(CNGI-CERNET2)。中国科研人员也积极投入 IETF 的标准化工作，在 IPv6 过渡、IPv6 真实地址等 IPv6 技术的标准化方面做出了突出的贡献。与此同时，我国科研人员在 IPv6 域名服务器建设方面也积极开展工作。

但是我们注意到，近年来我国 IPv6 部署的发展速度较慢。当前 IPv6 用户比例排名前十的国家分别为比利时、印度、美国、德国、希腊、瑞士、乌拉圭、卢森堡、英国和日本，而我国不在其列。可以说，我国在 IPv6 的建设和部署方面，“起了个大早，赶了个晚集”。基于现状，2017 年 11 月，中共中央办公厅、国务院办公厅印发了《推进互联网协议第六版(IPv6)规模部署行动计划》，并要求各地区各部门结合实际认真贯彻落实。该计划明确了推进 IPv6 规模部署的重要意义，提出了总体要求和重点任务，并从互联网应用、网络和应用基础设施、网络安全和关键前沿技术角度，安排了实施步骤。根据该计划，我国将用 5～10 年时间，形成下一代互联网自主技术体系和产业生态，建成全球最大规模的IPv6商业应用网络，实现下一代互联网在经济社会各领域的深度融合应用，成为全球下一代互联网发展的重要主导力量。

综上所述，当前我国大力发展IPv6技术、推动IPv6部署落地的时机已经成熟，并且刻不容缓。希望本书能为IPv6及下一代互联网行业的从业人员提供帮助。

目　　录

第1章 全球发展态势

随着IPv4地址空间的耗尽，作为下一代网络体系架构重要一环的IPv6技术在国际上获得了极大的关注。各个国家都力争走在IPv6研发和部署的前列。IPv6之所以如此受关注是因为IPv6技术会影响到信息化产业的发展、网络空间安全的保障和一系列未来技术的走向，对一个国家来说有非常重大的战略价值。本章将对IPv6技术、部署情况、标准制定以及与一些新技术的关联性进行介绍，帮助读者厘清目前IPv6的发展情况。

1.1 IPv6技术概述

互联网协议(Internet Protocol，IP)是为计算机网络相互连接进行通信而设计的协议。作为计算机网络TCP/IP协议族中网络层的核心，IP协议能使连接到网上的所有计算机实现互联互通，已成为现今互联网技术的基石协议。IPv4是首个被广泛使用的IP协议，支撑了互联网的蓬勃发展。但是IPv4协议因受32位地址所限，理论上仅能提供约42.9亿个IP地址。截至2018年10月，全球网民人数已达41.7亿，致使IPv4地址资源接近枯竭[1]。近年来，随着云计算、物联网、人工智能、区块链、工业互联网等各种新兴技术的快速发展，IP地址的需求急剧增加。2020年全球联网设备数预计将超过 300 亿，中国需求的 IP 地址数量将超过 100 亿。

虽然采用私有地址和网络地址转换(NAT)等技术在一定程度上可以缓解 IP 地址的紧缺，但无法从根本上解决问题。互联网工程任务组(Internet Engineering Task Force，IETF)从 1990 年起开始构想下一代互联网协议，不仅要解决 IP 地址短缺问题，还要支持更多的功能扩展。1994 年，IETF 正式提议将 IPv6 作为 IPv4 的下一代标准。1998 年，IETF 正式公布 IPv6 协议标准规范 RFC2460[2](后被 RFC 8200 取代)。随着互联网的广泛普及和应用，互联网和网络应用向 IPv6 演进已成为必经之路，IPv6 必将成为构建下一代互联网的基石并发挥不可替代的巨大作用。

IPv6 采用与 IPv4 不同的报头格式，并使用 128 位 IP 地址，共可支持 2^{128}(约 3.4×10^{38})个地址，相对于 IPv4 地址有了巨大的扩充。IPv6 报文由 IPv6 报头、扩展报头与上层协议数据三大部分构成：①IPv6 报头是必选头部，固定长度为 40 字节，包括报文的基本信息，具体结构如图 1.1 所示。②扩展报头是可选头部，用来实现丰富的功能，IPv6 可以包含多个扩展报头，如图 1.2 所示。③上层协议数据用来携带上层数据，例如 TCP、UDP、ICMPv6 或其他报文。

IPv6 协议族包含邻居发现协议(ND)、网际控制报文协议(ICMPv6)、组播侦听发现协议(MLD)等协议，分别取代 IPv4 协议族中的相应协议：①ND 取代 ARP 协议，管理相邻节点间的交互，发现并自动配置 IP 地址，并将下一跳

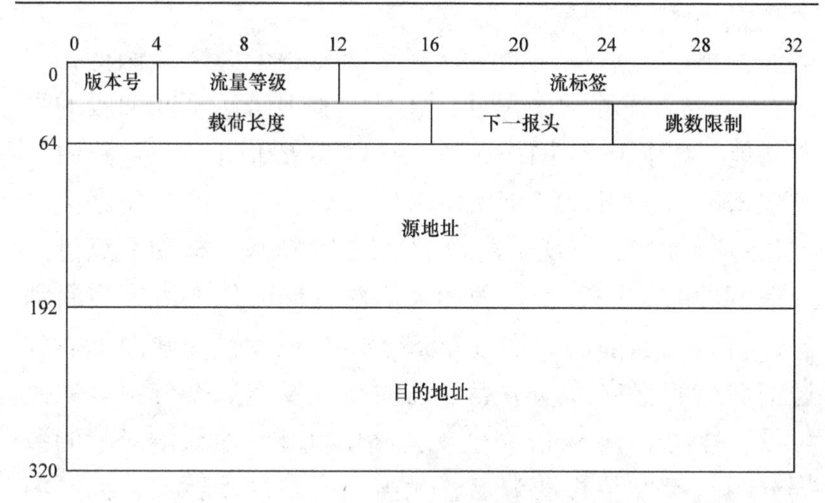

图 1.1　IPv6 报头结构

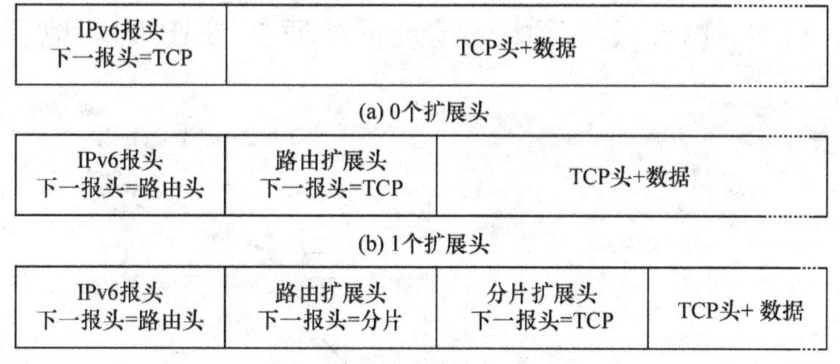

图 1.2　IPv6 扩展头使用示例

IPv6 地址解析为 MAC 地址。②ICMPv6 取代 ICMP，用于诊断、报告网络错误并提供简单的回显服务，帮助解决网络中的疑难问题。③MLD 取代因特网组管理协议(IGMP)，管理 IPv6 多组播成员身份。

IPv6 不仅能解决 IPv4 地址短缺的问题，还能更有效地支持移动 IP、服务质量保证、网络安全等。

移动 IP(Mobile IP)是 IETF 制定的一种传输协议标准，

能够使移动节点从一个网络移动到另一个网络并保持相同的 IP 地址，在移动中保证连接性，实现跨越不同网段的漫游功能。对于 IPv4 网络，移动 IPv4 需要借助“三角路由”过程来实现，如图 1.3 所示。采用 IPv6 可以对“三角路由”过程进行优化，实现更高效的移动 IP 协议。移动节点进入外地网段时，向家乡代理和通信对端同时发送绑定更新消息，将自己当前的新地址告知通信对端。获知新地址后，通信对端直接向移动节点当前的新址发送数据分组。由此可见，移动 IPv6 协议完全支持路由优化，使通信对端的数据分组直接发至移动节点，无需由家乡代理转发，彻底消除了移动 IPv4 协议中的“三角路由”过程，提高了路由效率，同时 IPv6 极为庞大的地址资源使移动 IP 的落地应用成为可能。

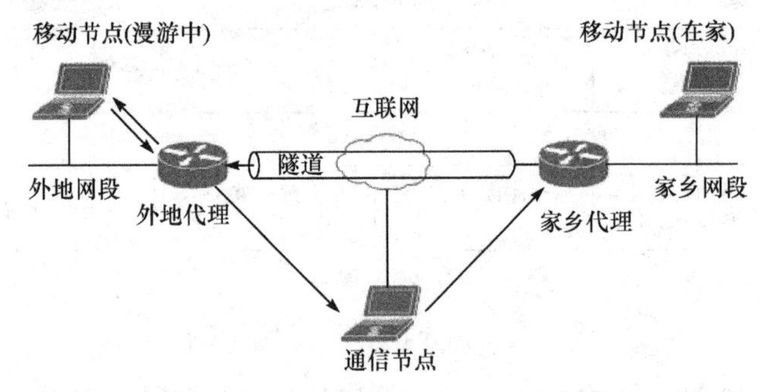

图 1.3 移动 IPv4 原理示意图

在服务质量(QoS)保证方面，IPv6 报头引入了包含 8 比特信息的流量等级(Class)字段，以及一个新的 20 比特的流标签(Flow Label)字段。相比于 IPv4 而言，8 比特的流量等级字段可以支持更多的流量优先级管理，从而满足更精细的 QoS 需求。流标签字段提供了进行任意流分类的可能，从而也可以使得对流量的 QoS 管理更加灵活。

IPv4 协议在安全性方面考虑较少，而 IPv6 协议进行了大量的安全性扩展。①虽然 IPv4 和 IPv6 标准目前都支持 IP 安全协议(IPsec)，但是 IPv6 将 IPsec 作为自身标准的有机组成部分，要求网络设备必须支持。IPsec 可以对 IP 层上的通信提供加密/授权，通过报文封装安全负载(Encapsulation Security Payload，ESP)和认证报头(Authentication Header，AH)两个扩展头对 IP 分组数据进行保密性和一致性保证，实现了 IP 级的安全，增强了网络的安全性。②IPv6 采用新的地址生成方式，将公钥与 IPv6 地址进行绑定，不仅可以用于 IPsec 协商，还可以在某些情况下简化协商流程，以提升性能。这种密码生成地址提供了一种可靠的追踪溯源机制，能够确保报文源地址不被伪造。当网络上发生恶意攻击或其他违法犯罪行为后，由于网络中传输的任何一个报文均对应一台主机，我们能够根据拦截到的攻击报文追查到发出此报文的真实主机，进而查出攻击者的真实身份，且具有不可篡改和不可否认性。在这样的安全机制保护下，黑客和恶意攻击者很容易被发现，因此减少了网络攻击的发生概率。③IP 地址扫描是常用的网络攻击方法，借助 IP 地址扫描收集的网络数据，攻击者能够分析推断出目标网络的拓扑结构、系统漏洞、开放端口和服务等有用信息。IPv6 具有 128 位的地址空间，大大增加了扫描难度，提高了网络攻击的成本和代价。④IPv6 协议不再使用广播地址，故有效防止了基于广播地址的 DDoS 攻击和广播风暴攻击。⑤IPv6 协议规定 ICMPv6 不响应含有多播地址的报文，因此能有效防止基于 ICMPv6 报文的放大攻击。

1.2 IPv6 国际部署情况

1.2.1 IPv6 在国际上部署的整体趋势

目前互联网上部署的所有主要路由协议都支持 IPv6 路由，包括边界网关协议(Border Gateway Protocol，BGP)，开放式最短路径优先(Open Shortest Path First，OSPF)协议，中间系统到中间系统(Intermediate System-to-Intermediate System，IS-IS)协议和 Cisco 的增强内部网关路由协议(Enhanced Interior Gateway Routing Protocol，EIGRP)。全球 BGP 路由数据库公布了 57 400 个自治系统，其中 13265 个自治系统(23.1%)使用了 IPv6 前缀，其中 325 个只使用了 IPv6 前缀。图 1.4 显示了在 RIR 区域中使用 IPv6 前缀的网络百分比。

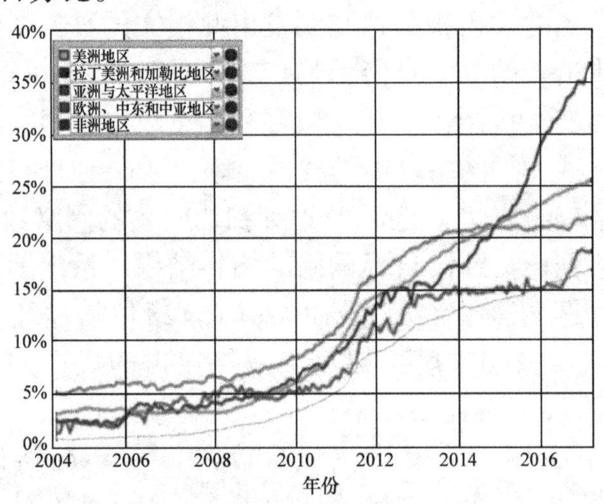

图 1.4 在 RIR 区域中使用 IPv6 前缀的网络百分比[3]

通过谷歌公司的统计数据也可以看出 IPv6 部署的稳步增长。截至 2018 年 11 月 4 日，通过 IPv6 网络直接访问谷歌网站的用户比例已经接近 25%，相比 2017 年初增长了 59%，具体的统计情况见图 1.5。谷歌 IPv6 访问量大体上反映了互联网在用户侧的 IPv6 部署情况。用户使用 IPv6 的数量较多，一定程度上反映了运营商对 IPv6 的支持和青睐。

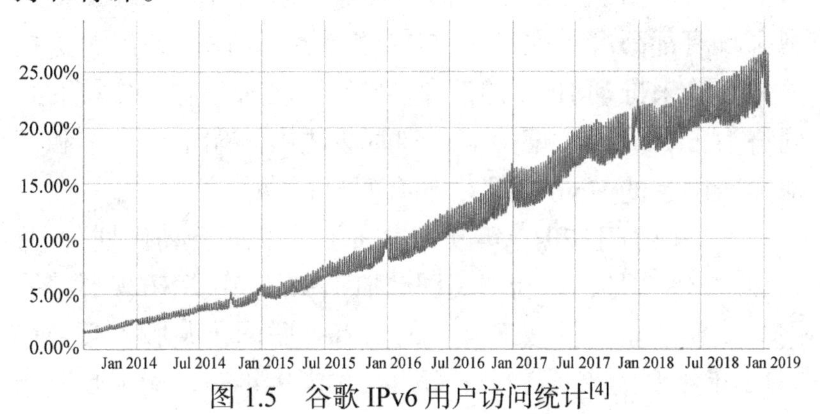

图 1.5　谷歌 IPv6 用户访问统计[4]

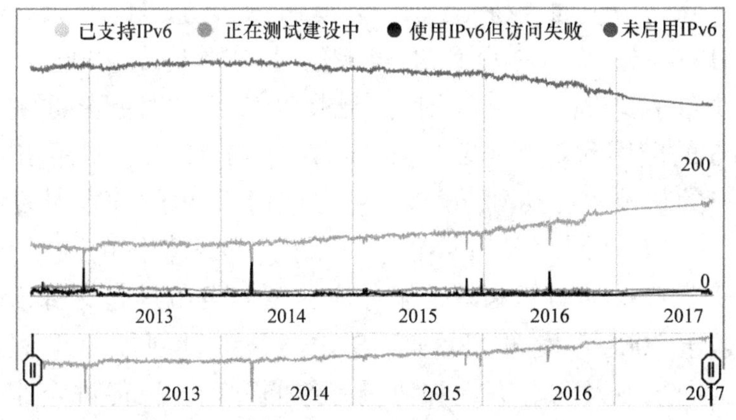

图 1.6　Cisco 6lab 关于使用 IPv6 协议的内容提供商的统计数据[5]

全球使用 IPv6 的内容提供商的相关统计数据如图 1.6

所示。2017 年底较 2016 年底增长 6.8%，可见内容提供商在 IPv6 协议的部署方面增长相对较慢。

1.2.2 IPv6 在世界各国的部署情况

随着 IPv4 地址资源的逐步枯竭，使用 IPv4 地址的成本逐渐提高。此外，多种多样的应用程序使得互联网在网络安全及网络服务质量方面的要求不断提升。世界上很多国家政府都高度重视 IPv6 协议的部署和商用，并出台了相关的政策来推动 IPv6 的部署。在各国政府和商业公司的共同努力下，美国、德国、比利时、法国、瑞士、日本和其他发达国家的 IPv6 部署水平有明显提高。

美国政府于 2010 年 9 月发布了“IPv6 行动计划”；并于 2012 年 7 月，更新“美国政府 IPv6 应用指南/规划路线图”，明确要求美国政府提供的所有互联网公共服务必须在 2012 年年底前支持 IPv6；截至 2014 年年底，美国政府内部办公网络全面支持 IPv6；截至 2018 年 11 月 10 日，美国 IPv6 用户普及率已超过 34.1%。日本政府在 2009 年 10 月发布了“IPv6 行动计划”，要求 2011 年 4 月起全面实施 IPv6 的应用和部署；截至 2018 年 11 月 10 日，日本 IPv6 用户的普及率已达到 26.3%。韩国政府于 2010 年 9 月发布“下一代互联网协议(IPv6)推广计划”，要求韩国的互联网、IPTV、3G 移动通信和其他服务应从 2011 年 6 月起支持 IPv6。欧盟于 2008 年发布“欧洲部署 IPv6 行动计划”，在欧盟成员国内采取及时、有效和协调一致的行动，以促进企业、政府部门和家庭用户分阶段向 IPv6 迁移。2012 年 6 月，加拿大政府发布了“加拿大政府 IPv6 战略”，明确要求在 2015 年 3 月底之前完成现有网站的 IPv6 升级，并要求所有新的互联网网站和应用程序支持 IPv6。此外，澳大利亚、巴西、印度等国家也提出了 IPv6 发展战略规划，以促进 IPv6 的全部署和应用。

表 1.1 展示了几个典型的国家截至 2018 年 11 月 12 日的 IPv6 部署情况。从表中我们可以看出，不同国家的 IPv6 部署情况差异较大。在美国、加拿大等发达国家和印度等部分发展中国家，IPv6 的部署比例较大；而像中国等发展中国家，IPv6 的部署比例相对较少。

表 1.1　全球 IPv6 部署情况统计[6]

	国家	IPv6 用户比例	IPv6 内容比	IPv6 Transit AS 比	IPv6 路由前缀比	IPv6 部署率
亚太	日本	26.3%	47.45%	84.06%	45.83%	47.51%
	印度	36.8%	61.91%	61.84%	22.29%	51.26%
	中国	2.74%	21.08%	70.17%	5.18%	23.34%
欧洲	德国	40.1%	59.66%	85.44%	46.63%	58.04%
	法国	23.6%	60.01%	74.05%	36.49%	46.74%
	英国	21.9%	61.64%	79.84%	33.82%	47.52%
北美	美国	34.1%	55.4%	67.45%	33.69%	49.46%
	加拿大	20.4%	59.82%	75.25%	41.37%	45.01%
南美	巴西	26%	62.89%	67.31%	39.81%	47.15%
	秘鲁	15.1%	63%	60.63%	22.97%	38.29%
	厄瓜多尔	20%	59.1%	86.61%	19.36%	47.44%

根据亚太互联网络信息中心(Asia-Pacific Network Information Center, APNIC)截至 2018 年 11 月 7 日的统计，IPv6 用户比例排名前十的国家分别为比利时、印度、美国、德国、希腊、瑞士、乌拉圭、卢森堡、英国和日本。从图 1.7 可以看出，IPv6 用户使用比例位列第一名的比利时，IPv6 使用率已经高达近 60%。而排后面几名的国家，IPv6 用户使用率也将近 50%。在这些国家中，IPv4 到 IPv6 的过渡已经较为充分。

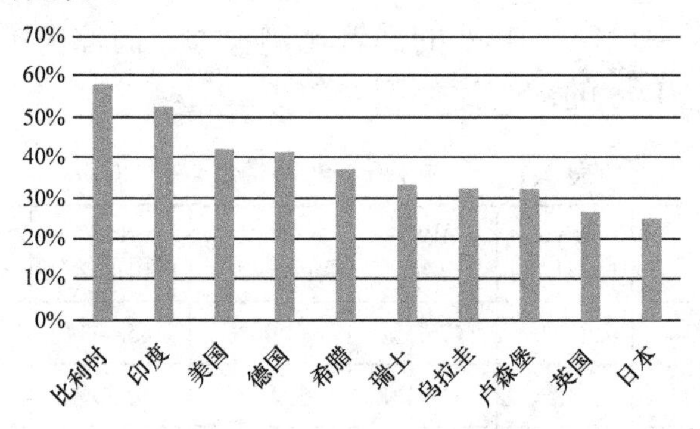

图 1.7 APNIC 统计的 IPv6 用户比例前十名的国家

尤其值得一提的是，发展中国家里，印度和巴西在 IPv6 部署方面成果显著。根据 APNIC 的统计数据，印度的 IPv6 部署量位列全球第二，巴西在政府和商业公司等多方的共同努力下，已经加入了 IPv6 全球十大先进国家的行列。

1.2.3 代表性机构的 IPv6 部署情况

运营商和内容提供商是推动 IPv6 部署的主力。在日本(NTT、KDDI 和 Softbank)、印度(Reliance JIO)和美国(Verizon Wireless、Sprint Nextel、T-Mobile USA 和 AT&T Wireless)，

运营商具有非常高的 IPv6 部署水平。一些运营商正在尝试仅支持 IPv6，这样就可以简化网络运营并降低成本。由于 IPv4 地址的价格接近其预计的 2018 年峰值，大多数云主机提供商开始收取 IPv4 地址的费用，同时可以免费使用 IPv6 地址。IPv4 成了一种不必要的成本，从长远来看，运营商可以出售其拥有的 IPv4 地址空间并利用这笔资金为 IPv6 部署提供资助。与 IPv4 运营商相连的网络可以使用 IPv4 到 IPv6 的地址转换技术；而对于一些需要部署网络的新企业，部署纯 IPv6 网络则是更佳的选择。

印度的 Reliance JIO 在其本地 IPv4 地址空间被注册耗尽后开始部署 IPv6。之前 Reliance JIO 不得不以购买 IPv4 的方式来获得 IPv4 地址，但这样会提高经营的成本。截至 2017 年 2 月，Reliance JIO 报告称约有 90%的 LTE 客户使用 IPv6，占其流量的 80%左右。据 Reliance JIO 表示，如此高的 IPv6 使用率是由他们的主要内容合作伙伴 Google、Akamai 和 Facebook 等内容提供商贡献的。2016 年 9 月至 2017 年 6 月期间，Reliance JIO 在短短 9 个月内激活了超过 2 亿用户，实现了 IPv6 连接。

美国的 Verizon Wireless 正在积极部署 IPv6。据报告，他们至少在 70 个 IPv4 分片地址空间上，花费了大量资金和精力来解决由地址空间不连续产生的网络运营困难。针对这种情况，IPv6 部署是一种简化网络并降低运营成本的解决方案。目前，从 Verizon Wireless 到主要在线内容提供商的 80%以上的流量都使用 IPv6。T-Mobile USA 同样正在其移动网络中关闭 IPv4，仅运行 IPv6，并通过 IPv4/IPv6

翻译过渡技术实现用户对于 IPv4 的访问。

截至 2018 年 11 月，美国有线电视公司康卡斯特的 IPv6 部署率达到了 66.48%。同期日本电信运营商 KDDI 的 IPv6 部署率达到了 44.12%。软银在 2018 年 11 月 IPv6 部署率为 36.30%。韩国 SK 电讯公司在 2018 年 11 月 IPv6 部署率为 38.26%[7]。Facebook 公司声称自己正在数据中心内减少 IPv4 的部署，来自外部的 IPv4 或者 IPv6 的访问通过负载均衡被转换为 IPv6 的访问形式，大大提高了网络管理水平。其他一些公司，比如 LinkedIn 和微软，也同样表示计划在其网络中逐步取消 IPv4 的部署，代之以 IPv6。

作为科学研究的前沿机构，大学是 IPv6 的早期部署测试地点和早期使用者。例如，美国弗吉尼亚理工大学于 2004 年开始部署 IPv6，然后将 IPv6 扩展到整个校园网。截至 2016 年，弗吉尼亚理工大学中有 82%的流量使用 IPv6。英国帝国理工学院报告自己在 2003 年开始试验 IPv6，在 2010 年正式投入商用。国内高校和科研机构共同研发和部署的新一代教育科研网 CERNET2 的主干网也是基于 IPv6 部署的。

综上所述，IPv6 目前在世界范围内已有了比较广泛的部署，而且从整体上来讲，部署量逐年增加，部署速度也逐年加快，但是不同国家的部署比例差异较大。

1.3　IPv6 国际标准

1.3.1　IPv6 国际标准概述

1992 年年初，一些关于互联网地址系统的建议在 IETF

上被提出，并于 1992 年年底形成白皮书。1993 年 9 月，IETF 建立了一个临时的 ad-hoc 下一代 IP(IPng)领域来专门解决下一代 IP 的问题。这个新领域由 Allison Mankin 和 Scott Bradner 领导，成员由 15 名工作背景不同的工程师组成。IETF 于 1994 年 7 月 25 日采纳了 IPng 模型，并形成几个 IPng 工作组。最初制定 IPv6 的标准为 RFC1883，现在的 IPv6 协议是 1995 年思科公司(Cisco)的 Steve Deering 和诺基亚公司(Nokia)的 Robert Hinden 负责牵头完成起草并定稿的，即 RFC2460。在 1998 年，IETF 对 RFC2460 进行了较大的改进，形成了现在的 RFC 2460(1998 版)。经过了约 20 年的发展，IPv6 的国际标准累积已有近千项(包含历史版本)，当前 IPv6 国际标准已形成体系化、规范化的态势，可概括分为五个大类(资源类、网络类、应用类、安全类和过渡类)的标准，如图 1.8 所示。其中涉及资源、网络和过渡类的标准已经十分成熟；应用和安全类标准的研究正蓬勃发展，是当前主要的研究热点。

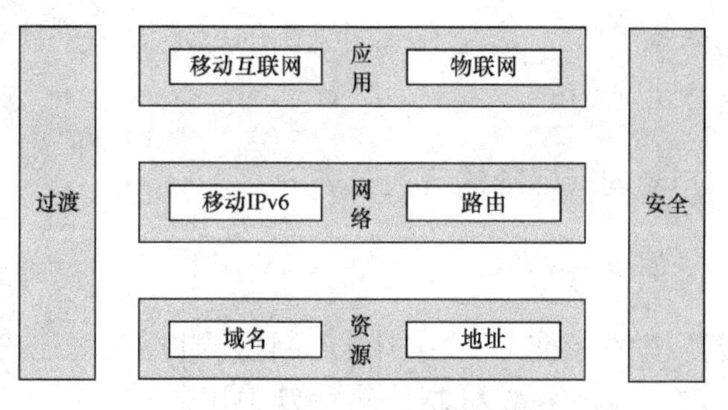

图 1.8　IPv6 国际标准的分类与划分

涉及资源类的标准是用于区分 IPv6 与 IPv4 的核心标准，其中主要包括编址技术类的标准和域名技术类的标准等；涉及网络类的标准是关于 IPv6 中网络层相关技术的标准，包括 IPv6 的路由技术标准及移动 IPv6 标准等；IPv6 应用类的标准是 IPv6 在互联网和移动互联网的上层应用中使用时所遵循的规范；IPv4 已经广泛地部署在当前的互联网上，由于 IPv6 和 IPv4 在结构上存在一定的差异，制定的过渡类标准是用于从 IPv4 向 IPv6 过渡过程中涉及的技术标准，以完成从 IPv4 向 IPv6 的平稳过渡。

目前，IETF 仍然是国际上 IPv6 标准化的主体机构。此外，宽带论坛(Broadband Forum，BBF)主要关注一系列与接入汇聚网有关的 IPv6 网络过渡标准制定。3GPP(Third Generation Partnership Project)和国际电信联盟-电信标准化部门(ITU-T)在制定移动互联网标准中承担重要责任。IPSO (IP for Smart Objects)联盟联合 ITU-T、IETF 主要负责 IPv6 在物联网中应用的标准制定。值得指出的是，IPv6 的标准制定主体是 IETF，其他组织和机构的标准大多是针对特定领域或特定应用的。

1.3.2 IPv6 国际标准的五大分类

1. 资源类的标准

资源类的标准主要由 IETF 制定。目前， IPv6 基本协议规范、地址分配机制、邻居发现机制、地址结构解析等技术的标准化工作已经基本完成，IETF 在该领域共发布了 200 个左右的相关 RFC 规范说明。目前，IPv6 的编址类标准的相关工作是对原有的协议标准进行维护和完善。IPv6 域名相关的标准化工作也已基本完成，累计完成 30 多个标准。

2. 网络类的标准

IPv6 网络的路由协议标准主要由 IETF 负责制定和推进。目前，该领域的工作已经基本完善，涵盖了 RIP、OSPF、IS-IS、BGP、多宿主技术以及 MPLS VPN 等核心内容，制定了超过 30 个 RFC 标准，现有在 IPv4 网络中应用的路由协议基本上都具备对应的 IPv6 版本。移动 IPv6 的相关标准已经基本完善，其中 IETF 在移动 IPv6 协议、体系框架、快速切换等主要标准方面发布超过 35 个 RFC 标准文档。

3. 应用类的标准

在移动互联网方面的 IPv6 相关标准目前也基本完成，其中的标准主要由 3GPP 制定，还有一些是由 3GPP 和 IETF 合作完成。在合作过程中，由 3GPP 提交相应的需求，IETF 负责技术标准制定，这些合作的标准主要涵盖 IMS(IP Multi-media Subsystem，IP 多媒体子系统)和 SAE(System Architecture Evolution，系统架构演进)等相关领域。

物联网是当前研究的热点，IETF 也积极投入到 IPv6 物联网的相关标准制定中，目前成立了 6lowpan、6tisch、roll 等多个工作组开展相关研究，制定并发布了 24 个此类的 RFC 标准规范和说明，这些标准涉及物联网的需求、应用场景的描述和承载方式等内容。此外，在智能物联网上应用 IPv6 技术等产业协调方面，IPSO 产业联盟起到了至关重要的作用。截至目前，IPSO 在该领域发布了多个技术说明，这些标准规范涉及框架设计、邻居发现、地址解析、协议栈的需求等多个领域，该联盟还联合 IETF 的 6lowpan 及 roll 工作组共同推进 IPv6 国际化的工作。

在 NGN 方面的 IPv6 标准主要由 ITU-T 完成。这些标准涉及基于 IPv6 的下一代网络构建、下一代网络中 IPv6 的多归属框架问题、IPv4 和 IPv6 的演进功能需求以及基于 IPv6 的下一代网络信令框架等多个方面。

4. 安全类的标准

在网络安全类的标准方面，IPv6 协议比 IPv4 协议有了很大的进步，主要表现在 IPv6 地址可溯源和防攻击、使用 IPsec 加密机制、邻居发现协议 NDP 和 SEND 安全增强、真实源地址检查体系等，而这些都是 IPv4 标准协议所不具备的特性。此外由国内高校推动成立的 SAVI(Source Address Validation Improvements)工作组正在研制基于源地址验证的新型网络安全机制等工作，并形成了源地址验证体系结构(Source Address Validation Architecture，SAVA)等一系列相关标准。目前基于 SAVA

实现的系统在 CNGI-CERNET2 网络上进行了实验性部署、运行和测试。

5. 过渡类的标准

过渡技术在 IETF 的发展主要分为四类，包括双栈技术、隧道技术、单次翻译技术和二次翻译技术。大部分讨论工作集中在 Softwire 工作组和 Behave 工作组。其中主要的工作已接近完成。隧道技术方面的标准包括手工隧道、隧道代理、GRE 隧道、6over4 隧道、6to4 隧道、TEREDO 隧道、ISATAP 隧道、lightweight 4over6、Stateless DS-Lite、MAP-T 等。在翻译技术方面，代表性方案包括 IVI、dIVI、MAP-E 等。

由 BBF 制定的 WT-177(Migration to IPv6 in the Context of TR-101)规范标准对 TR-101 架构下的 IPv4 向 IPv6 的演进路线做了规范。同时，还规定了 IPv6 环境下相关业务的实现(如用户接入的业务流程、设备规范以及地址分配、安全等)。目前，WT-177 形成了当前业界比较完整的关于 IPv6 在接入汇聚网部署的相关标准。

目前，IPv6 的国际标准中的核心标准已经成熟，并基本可以满足纯 IPv6 组网的需要。但涉及安全类的 IPv6 标准尚在快速发展中。在应用类的 IPv6 相关标准中，与传统电信业务所对应的一些标准(如软交换、NGN、移动等)由相应的标准组织承担，有些已经很好地完成，但有些还没有完善。涉及 IPv6 物联网的标准目前发展较快，正在进一步完善。整体进度如表 1.2 所示。

表 1.2　IPv6 国际标准进展

标准领域	标准类别	标准组织	标准的进展	相关结论
资源	编址	IETF	由 IETF 主推的编址类工作已经基本完善，形成了系统化、结构化的一系列标准	IPv6 编址相关的标准基本完善，目前只针对个别标准修补
	域名	IETF	IPv6 下的 DNS 扩展支持标准已基本由 IETF 完成并形成标准	IETF 目前仍然对支持 IPv6 的 DNS 技术进行修改完善
网络	路由	IETF	与 IPv4 相对应的 IPv6 路由标准已基本完善，形成一系列的配套标准	该类标准已经基本完善
	移动 IPv6	IETF，3GPP2	IETF 目前已经完成了移动 IPv6 的主要标准化工作，包括协议、体系框架、快速切换等一系列标准	该类标准基本完善，目前的研究重点是性能调优
应用	移动互联网	3GPP	3GPP 推进 IPv6 在移动互联网的标准，目前已形成一系列标准，并和 IETF 合作继续推进该领域的规范	该领域已经基本成熟
	物联网	IETF	IETF 的多个工作组推进该领域的标准化工作，发布了多个和场景描述、地址格式等方面有关的 RFC 标准	该领域标准化工作比较活跃，且得到较多的关注
		IPSO	IPSO 产业联盟致力于智能物联网上应用 IPv6 技术。目前 IPSO 发布了多个白皮书，涉及框架、地址、邻居发现等	
	NGN	ITU-T	ITU-T 已经完成了基于 IPv6 的 NGN、NGN 中 IPv6 多归属框架、IPv4/v6 演进功能需求和基于 IPv6 的 NGN 中的信令框架	该领域标准尚不完善

续表

标准领域	标准类别	标准组织	标准的进展	相关结论
安全		IETF	在网络安全方面 IPv6 协议比 IPv4 协议有了很大的进步，主要表现在 IPv6 地址可溯源和防攻击、使用 IPsec 加密机制、邻居发现协议 NDP 和 SEND 安全增强、真实源地址检查体系，而这些特性是 IPv4 地址不具备的	还有许多互联网安全问题没有得到解决
过渡		IETF	IETF 已经制定完成多个过渡技术标准，包括隧道和翻译技术	该领域标准基本成熟
		BBF	由 BBF 制定的 WT-177 标准规定 TR-101 体系架构下的 IPv4 到 IPv6 的过渡和相关 IPv6 的具体业务，包括用户接入流程、地址分配，安全以及设备的规范等内容	各种过渡技术有自己的应用场景，但适用于通用场景的过渡技术尚不完善

IPv6 国际标准的演进路线和 IPv6 网络的应用部署进程是一致的。从基本协议的制定，到简单网络应用部署和小规模过渡，再到考虑移动网络的 IPv6 应用，逐步向大规模应用部署和 IPv6-Only 迁移。

2016 年 11 月 7 日，IETF 的互联网体系结构委员会(Internet Architecture Board，IAB)发表声明，要求将来的网络标准完全支持 IPv6。IAB 期待 IETF 在新的或修改的协议中不再要求与 IPv4 兼容，而只针对 IPv6 优化。

1.4　IPv6 与其他网络新技术的关系

1.4.1　IPv6 与 SDN/NFV 的关系

软件定义网络/网络功能虚拟化(Software Defined Network/Network Function Virtualization，SDN/NFV)是近年来涌现的创新网络技术，目前仍处于高速发展阶段。SDN 体系结构如图 1.9 所示，NFV 体系结构如图 1.10 所示。当前业界存在一些使用 SDN/NFV 替代 IPv6 的声音，但事实上他们关注的是网络架构完全不同的方面。

SDN 是保持 IP 协议不变的一种新的网络体系结构实现技术，网络控制平面和数据平面分离。其出发点是从复杂封闭体系向开放、开源的新型 SDN/NFV 云网一体化架构转变，从行政管理体制及传统组网思维向新的互联网思维转变，从被动适应网络变化向主动快速灵活应对转变，组成网络架构各要素单元的来源从传统买卖关系向构建产业链新生态系统转变，实现网络功能、架构的软件定义。以互联网为例，其 TCP/IP、无连接模式、IP 层 PDU 格式、存储转发、路由

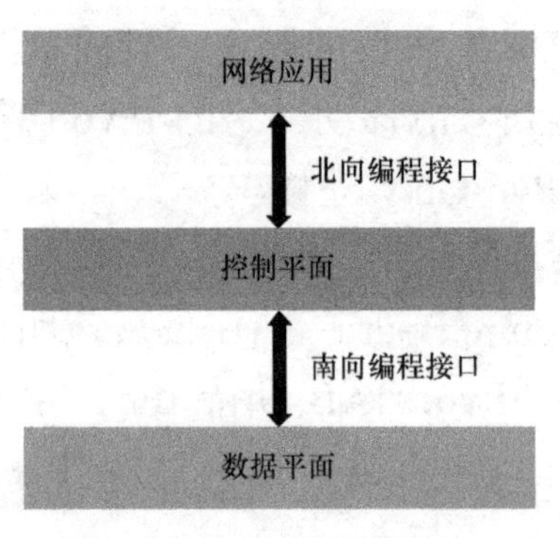

图 1.9　SDN 体系结构

机制等保持不变，完成软件功能与硬件平台分离并解耦，软件功能云化并开源，实现架构统一，集中管控提升效率，降低成本。而 IPv6 主要用来替代 IPv4 在传送格式上的作用。

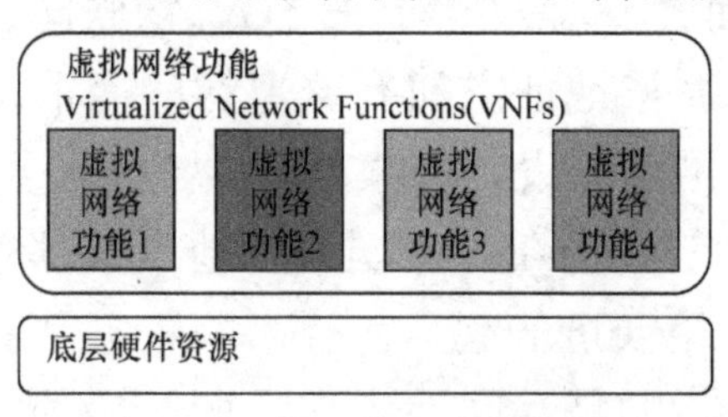

图 1.10　NFV 体系结构

NFV 将网络功能抽象化，从异构的专用网络设备中提取出来，运行在 x86 通用架构服务器上，在虚拟层面对功能进行编排，组成业务链。因此 NFV 也不涉及互联网分组格式的改变。

SDN/NFV 的本质是一种新型组网架构，是为了实现网络的软件化和可编程化。事实上，目前绝大部分的 SDN/NFV 研究都是基于 TCP/IP 协议栈，比如数据平面和控制平面都是通过 TCP/IP 进行交互，并没有对 TCP/IP 体系结构和协议取而代之。因为未来 IPv6 协议将会逐步取代 IPv4 协议，所以 SDN/NFV 也增加了对于 IPv6 的支持。Openflow 协议自 1.3 版本起规定了对 IPv6 报头和扩展头的支持。OpenNFV 也专门设置了 IPv6 的工作组，增强 Openstack 对 IPv6 的支持。

正是由于 IPv6 和 SDN/NFV 这两个技术是正交的，所以可以同时部署，发挥各自优势。比如 SDN 可以利用灵活的控制平面，实现迅捷的 IPv4 网和 IPv6 网之间的切换。IPv6 的一些创新性工作例如增加源地址验证和二维路由等也能丰富 SDN 上层应用的开发和实现。

1.4.2 IPv6 与未来网络的关系

从近期来看，国内外互联网的演进路线是比较统一的。由于 IPv4 地址迅速耗尽，未来 5G、物联网、移动互联网等新技术又对海量地址空间有着迫切的需求，因此 IPv6 作为成熟可用的网络层设计方案而成为“座上宾”。正如前面所述，IPv6 目前已经在许多国家和地区被部署。可以认为 IPv6 是未来网络演进的起点。

未来网络指的是互联网未来长期发展的形态。从中长期来看，国际上对未来网络的发展思路大致分为两类。一类是渐进式演进路线，其主要特点是基于 IPv6 对现有的互联网做改进，同时维持后向兼容。渐进式演进路线的着眼点是优先解决网络地址耗尽问题，同时不浪费基于 IPv4 网络在互联网建设前期的巨大投入。另外一类是革命式颠覆路线，其特点是彻底颠覆 IP 这种网络“窄腰”结构，基于“一张白纸”(clean slate)思想重新设计互联网。革命式颠覆路线认为基于 IP 的网络体系结构在设计之初没有充分考虑当前网络的复杂性，渐进式演进难以根本解决互联网在安全性、可扩展性、服务质量保证等方面的需求，所以需要从头再来构建不受 IP 限制的网络体系结构。

革命式颠覆路线由于其创新性受到很大的关注。以信息中心网(ICN)为例，美国命名数据网络(Named Data Networking，NDN)项目期望经过长期的发展，用内容替代 IP 地址进行路由寻址，形成新的“窄腰”结构。但是其目前的实际部署依然是以 Overlay 的方式运行在 IP 网络上。纵观这些革命式颠覆路线项目，实际部署过程中仍存在许多问题：①目前各国发展的未来网络研究成果并没有相互兼容，未来如何集成互联尚无定论。②未来网络研究没有体系化，只是针对一个或者几个点进行研究，目标设定不够全面。③目前实验网络与实际大网规模和环境仍有差距，大网部署仍存风险。④与传统互联网不兼容，全面部署需要巨额开销。

事实上无论选择哪种路线，未来网络要具备的是当前网络缺乏的安全、可信、移动、节能、可扩展、可管理等重要特性。两种路线可以同时发展，相互竞争也能相互借鉴。网络新技术与 IPv6 并不矛盾。IPv6 发展的主要瓶颈是 IPv6 本身尚未得到大规模应用，只要 IPv4 能平滑地过渡到 IPv6，层出不穷的新技术必然会与 IPv6 结合、落地。

第 2 章　我国发展现状

2.1　政 策 指 导

随着 IPv4 地址已经枯竭，网络安全及网络服务质量的要求不断提升，IPv6 作为下一代互联网基础设施的重要组成部分，已经成为互联网进一步发展的必经之路，也是发展国家信息基础设施的关键领域。加快推进 IPv6 规模部署，为我国网络基础设施升级、自主技术体系构建、网络人才培养和网络强国建设提供了难得的机遇，也是落实“推进网络强国建设”的重要举措。

我国是全球比较早开展 IPv6 以及下一代互联网技术研究标准制定的国家之一，党和国家对 IPv6 在我国的发展也高度重视。十八大以来，习近平总书记多次从保障网络安全、掌握核心技术、汇聚网络人才、清朗网络空间、加强国际合作等方面部署网络强国建设，没有网络安全就没有国家安全，没有信息化就没有现代化，互联网核心技术是我们最大的“命门”，建设网络强国，要把人才资源汇聚起来，网络空间是亿万民众共同的精神家园，深化国际合作，建立多边、民主、透明的国际互联网治理体系……2015 年 11 月发布的《中共中央关于制定国民经济和社会发展第十三个五年规划的建议》中提出，完善电信普遍服务机制，开展网络提速降费行动，超前布局下一代互联网[8]。2016

年 4 月 19 日，中共中央总书记习近平主持召开网络安全和信息化工作座谈会并发表重要讲话(以下简称“4·19”讲话)，强调我国网信事业发展要适应经济发展趋势，推进网络强国建设，让互联网更好造福国家和人民。“4·19”讲话发表以来，各地区各部门与时俱进、开拓创新，持续加强顶层设计，完善基础设施建设。

2016 年 12 月工业和信息化部正式发布了《信息通信行业发展规划(2016—2020 年)》，其中确定了“新一代信息网络技术超前部署行动目标”：到 2020 年，互联网全面演进升级至 IPv6；并提出在“十三五”期间，信息通信业应抓住机遇，拓展行业发展新空间，超前布局信息通信前沿技术，积极参与国际规则博弈，增强国际话语权。[9]

2017 年 11 月，中共中央办公厅、国务院办公厅印发了《推进互联网协议第六版(IPv6)规模部署行动计划》(以下简称《计划》)，并要求各地区各部门结合实际情况认真贯彻落实。《计划》阐明了 IPv6 规模部署对加快网络强国建设、加速国家信息化进程的重要意义，提出了总体要求，从互联网应用服务升级、网络基础设施改造、应用基础设施改造、网络安全保障、关键前沿技术突破等方面布置了重点任务，并安排了实施步骤。根据《计划》，我国将用 5 到 10 年时间，形成下一代互联网自主技术体系与产业生态，建成全球最大规模 IPv6 商业网络，实现下一代互联网在经济社会各领域的深度应用，成为全球下一代互联网发展的主导力量[10]。其中明确提出 3 个主要目标：

(1) 到 2018 年末，市场驱动的良性发展环境基本形成，IPv6 活跃用户数达到 2 亿，在互联网用户中的占比不低于

20%，并在以下领域支持 IPv6：国内用户量排名前 50 位的商业网站与应用，省部级以上政府和中央企业外网网站，中央和省级新闻及广播电视媒体网站，工业互联网等新兴领域网络与应用；域名托管服务企业、顶级域运营机构、域名注册服务机构的域名服务器，超大型互联网数据中心(IDC)，排名前 5 位的内容分发网络(CDN)，排名前 10 位云服务平台的 50%云产品；互联网骨干网、骨干网网间互联体系、城域网和接入网，广电骨干网，LTE 网络及业务，新增网络设备、固定网络终端和移动终端。

(2) 到 2020 年末，市场驱动的良性发展环境日臻完善，IPv6 活跃用户数超过 5 亿，在互联网用户中 IPv6 占比超过 50%，新增网络地址不再使用私有 IPv4 地址，并在以下领域全面支持 IPv6：国内用户量排名前 100 位的商业网站与应用，地市级以上政府外网网站系统，地市级以上新闻及广播电视媒体网站系统；大型互联网数据中心，排名前 10 位的内容分发网络，排名前 10 位云服务平台的全部云产品；广电网络，5G 网络及业务，各类新增移动和固定终端，国际出入口。

(3) 到 2025 年末，我国 IPv6 网络规模、用户规模、流量规模位居世界第一位，网络、应用、终端全面支持 IPv6，全面完成向下一代互联网的平滑演进升级，形成全球领先的下一代互联网技术产业体系[10]。

各部门按照《计划》分工，发挥行业管理职能，陆续发布了关于贯彻落实《计划》的通知。2018 年 5 月工业和信息化部发布通知，对 IPv6 改造的具体目标、任务安排以及保障措施进行了布置，从 6 个方面、21 项具体任务举措等方面引导产业链的各个环节共同对 IPv6 进行规模商用。2018 年 8 月教育部办公厅发出通知，要求到 2020 年底，教育系统的各类网络、门户网站和重要应用系统完成升级改造，支持 IPv6 访问；基于 IPv6 的安全保障体系基本形成。同时强调下一代互联网相关学科专业人才培养、技术研发与创新工作显著加强，教育系统人才保障和智力支撑能力大幅提升[11]。

国家政府部门对 IPv6 的建设高度重视。在《2018 年政务公开工作要点》中，提出省级政府、国务院部门要在年内完成门户网站相关改造工作，新建的政府网站要全面支持 IPv6[12]；而在《政务信息系统政府采购管理暂行办法》中，更明确提出采购需求应当包括相关设备、系统和服务支持 IPv6 的技术要求[13]。

各大云服务商均对推进 IPv6 建设做出快速响应。阿里云宣布联合中国电信、中国联通、中国移动和教育网对外提供 IPv6 服务，并表示希望能在 2025 年前真正实现“IPv6 Only”；腾讯云发布 IPv6“三步走”计划，希望通过持续开放自身的 IPv6 技术能力，全面助力中国构建高速率、智能化下一代互联网；京东表示在 2018 年年底，京东商城全面支持 IPv6，京东云也会把核心产品全部向 IPv6 转移。

总之，为推进我国 IPv6 部署进程，国家从政策上引导和推动工业界对 IPv6 的重视和规模化部署，为产业链各环节提供了指导。

2.2 科研项目

我国早在 1998 年便开展了 IPv6 的研究和试验，在 2005

年就成功建成了大规模的纯 IPv6 网络(CNGI-CERNET2)。IPv6 协议不仅为下一代互联网的大规模扩展预留了海量地址空间,还为在下一代互联网中解决 IPv4 网络面临的安全可信、高性能传送和服务质量控制等重要技术挑战预留了设计空间。我国科研人员对 IPv6 及其相关技术的研究非常活跃，新的研究成果与标准提议也不断涌现。

1998 年 4 月,依托中国教育和科研计算机网 CERNET,组建了我国在 6Bone(国际 IPv6 下一代互联网试验床)组织正式注册的 IPv6 实验床，连接了国内八大城市。

在国家自然科学基金委员会的支持下，2000 年底“中国高速互联研究实验网络 NSFCNET”项目启动。该网络采用当时国际上先进的密集波分复用(DWDM)光传输技术，连接了清华大学、北京大学、北京航空航天大学、北京邮电大学、中国科学院、国家自然科学基金委员会 6 个节点，开发了一批面向下一代互联网的重大应用。NSFCNET 分别与中国科技网 CSTNET、中国教育和科研计算机网 CERNET、亚太地区高速网 APAN 以及国际下一代互联网络 Internet2 互联，在全国范围内实现了与国际下一代互联网的对等互联。

国家 973 计划在“十五”计划期间，开始资助面向新一代互联网及其应用的重大基础性研究项目。先后批准了“新一代互联网体系结构理论研究”和“一体化可信网络与普适服务体系基础研究”等项目，研究新一代互联网体系结构的基本问题。

2002 年，由国家发展和改革委员会与日本经济产业省立项，日本信息通信网络产业协会 CIAJ 与中国教育和科研计算机网 CERNET 网络中心共同负责实施“下一代互联网中日 IPv6 合作项目”(IPv6-CJ)，建立连接北京、上海、广州的高速 IPv6 试验网,研究 IPv6 网络设备与系统关键技术,研究 IPv6 中间件、典型应用技术以及 IPv6 相关技术标准。

2003 年，经国务院批准，国家发展改革委等八部委正式启动中国下一代互联网的起步工程：中国下一代互联网示范工程 CNGI。该工程由中国工程院负责组织协调，建设中国下一代互联网示范网络，将多所大学、科研机构和大型企业研究机构互联，进而推动科学研究和技术开发。

2003 年，国家部署 973 计划项目“新一代互联网体系结构理论研究”，围绕 IPv6 下一代互联网的多维可扩展问题、互联网动态行为模型和分析、互联网科学实验理论框架和多维网络行为观测模型等基础理论问题开展研究。

2004 年，在国家 863 计划信息领域重大专项“高性能宽带信息网”和通信主题的支持下，国内研制出 IPv6 核心路由器，在攻克下一代互联网关键技术、支持 CNGI 示范网络建设方面做出了贡献。

2009 年，国家 973 计划项目“新一代互联网体系结构和协议基础研究”启动，主要研究了以 IPv6 为基础的新一代互联网体系结构扩展性和演进性,大规模网络的编址和路由,大规模流媒体高效网络传送机制,异构接入的非连接网络实时服务质量保证,以及复杂自治网络的网络管理与安全。

2012 年，国家部署下一代互联网技术研发、产业化和规模商用专项“一种新型网络体系结构：地址驱动的网络体系结构、技术研发和试验”,提出了一种新型的基于 IPv6 的地址驱动的网络体系结构，包括可信任新型编址方案、基于二维地址的转发机制、基于二维转发的路由策略等，并在此基础上提出了一种地址身份映射的平滑移动机制、一种无连接的轻量高效流量工程机制。

2012 年，国家部署下一代互联网信息安全专项“IPv6 源地址验证和管理研发及应用试点工程”，设计实现了基于真实源地址验证技术的源地址验证和管理系统，可以实现基于用户的细粒度的管控和追溯，为解决网络用户真实身份难以辨识问题提供了有效的技术手段。

2.3 部署情况

2.3.1 我国 IPv6 的部署现状

我国是人口大国，也是互联网用户大国。截止到 2018 年 6 月，我国网民规模达到 8.02 亿，其中手机网民规模达到 7.88 亿，占网民规模的 98.3%，互联网普及率为 57.7%。由这些数据可以看出我国的互联网需求和潜力，特别是移动端的需求非常巨大。但是与此对应的是我国 IPv4 地址耗尽的现状。由于全球 IPv4 地址已经在 2011 年分配完毕，我国的 IPv4 地址总数一直维持在 3.38 亿左右，这与网民总数相比是完全失衡的。虽然网络地址转换(Network Address Translation，NAT)技术等缓解了这一问题，但是部署 IPv6 是我国互联网、物联网、工业互联网等下一步发展的优先选择。

近年来，在政府、大学、运营商等多方的共同努力下，中国 IPv6 的部署情况取得了一定进展。如图 2.1 所示，截至 2018 年 6 月，我国的 IPv6 地址数量达到了 23555 块/32

地址，比 5 年前增加了约 61%。虽然我国在 IPv6 的部署上已经取得了一定的进步，但是还有很长的路要走。从 Cisco 6lab 统计的亚洲范围 IPv6 的部署情况可以看出，中国的 IPv6 普及率在亚洲范围仍处于中游，甚至落后于越南、印度、泰国等国家[14]。

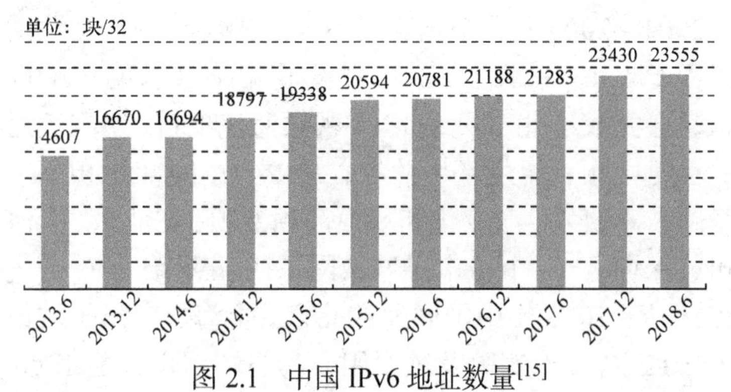

图 2.1　中国 IPv6 地址数量[15]

2.3.2　网络运营商的 IPv6 普及状况

IPv6 的部署离不开网络运营商的支持。《计划》提到，到 2018 年末，移动互联网 IPv6 用户规模应不少于 5000 万户。其中，中国移动、中国电信和中国联通的用户均不少于 1000 万户[10]。

中国电信从 2002 年开始布局 IPv6 研究，2009 年启动 IPv6 试商用，2013 年全网设备基本完成 IPv6 二平面升级改造，2015 年 4G 按照 IPv6 标准建设，智能手机配置 IPv6 后即可实现国际国内 IPv6 内容与应用访问。2018 年全面落实行动计划，重点支持政府网站、中央企业、中央媒体和互联网应用等 IPv6 改造。

中国移动从 2003 年开始，承担或参与多项发改委等部署的 CNGI 项目，并在 2012—2013 年，进行现网试点。2014 年，中国移动实现 LTE 终端突破，推动 IPv6 LTE 终端量产。同时，完成了骨干网与 10 省 IPv6 升级改造，实现 IPv6 终端量产。2015 年，VoLTE 已商用同步引入 IPv6。2016 年，已发展 3000 万 IPv6 单栈 VoLTE 用户。

2004—2006 年，中国联通参与了中国下一代互联网示范工程 CNGI，分别在 7 城市建设了 IPv6 实验网；2008 年中国联通完成了北京奥运 IPv6 视频监控项目，实现奥运场馆的实时视频和温度环境监控；2012—2014 年承担下一代互联网技术研发、产业化和规模商用专项，在北京、上海、广州、深圳等 10 个城市对城域网、四/五星级 IDC 等进行 IPv6 改造；2015 年中国联通在北京、上海、广州等城市开展 VoLTE 新技术实验及试商用，为终端用户分配 IPv6 单栈地址。

由于中国电信、中国移动、中国联通三大运营商占据了我国宽带接入的决定性地位，这三家运营商的宽带 IPv6 普及率能够很好地反映我国 IPv6 的普及情况。截止到 2018 年 11 月，移动宽带 IPv6 普及率 6.16%，IPv6 覆盖用户数 7017 万户。其中中国移动普及率最高，达 9.98%，中国电信和中国联通普及率分别为 8.71%和 1.1%[16]。如果将已分配 IPv6 地址并且一年内有 IPv6 上网记录的用户定义为活跃用户，移动宽带 IPv6 活跃用户数约为 718 万户。按照《计划》IPv6 活跃用户数不少于 5000 万户的要求，差距仍然有约 4282 万户之多。从省份的角度来看，甘肃、西藏两省区由于新建基础设施较多，因此移动宽带 IPv6 普及率达到 40%。但是移动宽带 IPv6 在其他省份的普及仍有很大的提升空间。如图 2.2 所示。

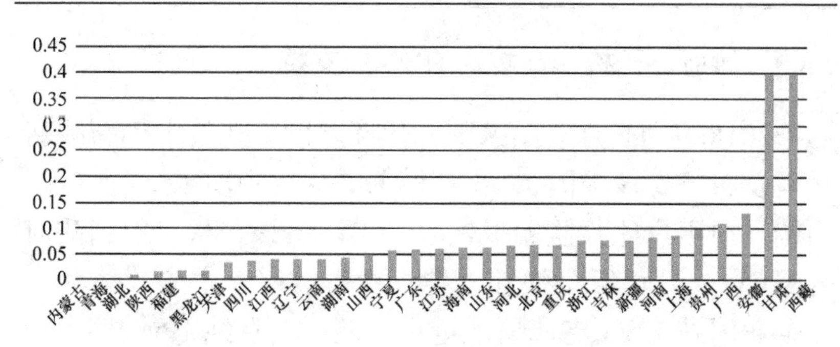

图 2.2　移动宽带 IPv6 普及率[16]

固定宽带 IPv6 普及率更加不容乐观。固定宽带 IPv6 普及率仅 0.65%，覆盖用户数 240 万户，其中活跃用户数 233 万户。中国电信、中国移动和中国联通的普及率分别为 0.81%，0.55%和 0.41%[16]。如图 2.3 所示，从省份的角度来看，仅四川、福建和重庆的固定宽带 IPv6 普及率超过了 1%，众多省份甚至还没有大力推动 IPv6 在固定宽带上的部署。截至 2018 年 11 月 1 日，全国固定宽带与移动宽带活跃用户数二者之和为 951 万户，比《计划》要求的 IPv6 总活跃用户数达到 2 亿户的指标，还有约 1.9 亿户的巨大差距。

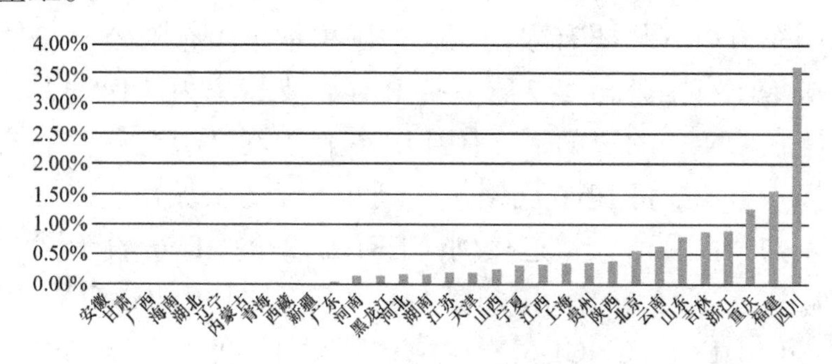

图 2.3　固定宽带 IPv6 普及率[16]

2.3.3　政府、机构和高校对 IPv6 的支持

2018 年 11 月，国家下一代互联网产业技术创新战略联盟发布《支撑中国 IPv6 规模部署——中国 IPv6 业务端到端贯通用户体验监测报告(第一期)》。该报告对中国政府网(www.gov.cn)发布的部分中央及省政府、中央媒体和中央企业网站 IPv6 支持情况进行了调研。在纯 IPv6 接入点通过浏览器同时发起对这些网站的访问，正常打开页面即为支持 IPv6 的网站。

中央及省级政府网站共 124 家，只有教育部、工业和信息化部、国家民族事务委员会、财政部、生态环境部、国家核安全局、海关总署、国家国际发展合作署、中共中央网络安全和信息化委员会办公室、中国银行保险监督管理委员会、香港特别行政区政府等 11 家支持 IPv6，支持率为 8.87%。中央媒体网站共 18 家，只有新华社、新华网 2 家支持 IPv6，支持率为 11.11%。中央企业网站共 98 家，只有国家电网有限公司、中国电信集团有限公司、中国联合网络通信集团有限公司、中国移动通信集团有限公司、中国东方电气集团有限公司、中国中钢集团有限公司、华侨城集团有限公司等 7 家支持 IPv6，支持率为 7.14%[16]。

在 CNGI 的资助下，中国 IPv6 骨干网已经有数十个核心接入节点，将 IPv6 网络扩展到几十个主要城市。数百个接入网和上百所大学连接到 CERNET2 的 IPv6 骨干网。CNGI 连接了两个 IPv6 国际出口，即 CNGI-6IX 和 CNGI-SHIX。CNGI-6IX 由 CERNET 在北京建设，CNGI-SHIX 由中国电信在上海建设。这两个国际出口将国

内不同运营商的 IPv6 骨干网相互连接，并将中国 IPv6 网络与美国、欧洲和亚太地区的 IPv6 运营商连接起来。

2.3.4　网站、APP 和内容提供商对 IPv6 的支持

国内 TOP50 网站、TOP50 APP 和内容提供商提供的媒体内容是我国网民主要的访问对象。根据《支撑中国 IPv6 规模部署——中国 IPv6 业务端到端贯通用户体验监测报告(第一期)》结果显示，截止到 2018 年 11 月，中国 TOP50 网站、TOP50 APP 对 IPv6 访问支持率只有 4%和 0%[16]。Cisco 6lab 提供的中国境内使用 IPv6 的内容提供商的相关统计数据如图 2.4 所示。虽然 2017 年年底较 2016 年年底增长了 47.1%,但是不支持 IPv6 的内容提供商依旧是主流。

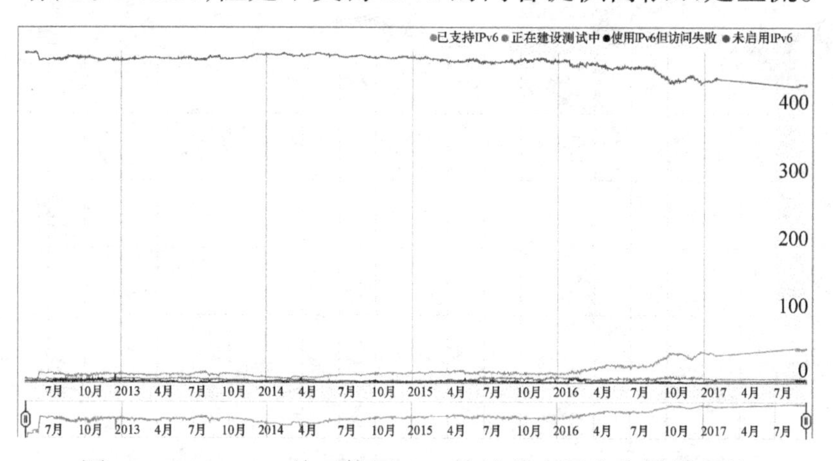

图 2.4　Cisco 6lab 关于使用 IPv6 协议的中国内容提供商的统计数据[17]

我国的 IPv6 发展现状是“起了个大早，赶了个晚集”。早在 2003 年国家就将 IPv6 发展提上了日程，经过 5 年的发展，取得了预定的战略目标。但从 2008 年以后，我国 IPv6

的发展速度开始放缓，开始落后于国际水平。虽然有 CERNET2 这样的示范工程支撑，但是 IPv6 部署还有很长的路要走。我国应严格按照《计划》的要求，加速 IPv6 技术在各种领域的实现和落地。

第3章　我国的热点亮点

我国政府和各个科研单位对 IPv6 研究工作高度重视。从全球范围来看，中国是最早一批开展 IPv6 及下一代互联网技术研究、标准制定、应用研发与规模商用的国家。在技术研究和网络建设的过程中，推动了多项国际标准的制定，取得了一批创新成果，锻炼和培养了一大批下一代互联网专业人才。

3.1　IPv6 网络关键技术研究和城域示范系统

中国科学院在 2001 年 11 月启动了 IPv6 重大研发计划“IPv6 网络关键技术研究和城域示范系统”。该计划瞄准 IPv6 网络设计和应用部署中的关键技术问题和难点，面向实际使用中的问题，设计并建设了一个 IPv6 城域网络。并在该网络上实验和验证了一系列的重大科研问题，包括：IPv4/IPv6 网络互联互通、协议转换、IPv6 网络性能分析和优化、服务质量(QoS)问题、IPv6 安全、DNS 根服务器、网络运维、可靠性保障等。

在该项目执行周期中，国家科技图书文献中心网 IPv6 示范系统、北京科教网无线 IPv6 示范网和重庆 IPv6 城域实验网陆续完工并开通运营。其中的重庆 IPv6 城域实验网是在重庆市科学技术委员会、重庆大学等单位的大力支持下建成的我国 IPv6 城域商用实验网。网络中的核心设备皆由国内自主研发，达到了验证国产设备和实现示范效应的目的。

IPv6 网络关键技术研究也取得了丰硕的成果：

(1) Silkroad 隧道技术面向 NAT 用户，在移动运营商网络不支持 IPv6 协议的前提下，率先通过 GPRS 网络实现了 IPv6 手机与 PC、PDA、IPv4 手机等其他类型终端的端到端建连。

(2) 有限无线宽带 IP 接入网关键技术和内容管理分发 CDN 技术使得 IPv6 用户能够获取 IPv4 流媒体内容，打破了 IPv6 内容提供商少的困境，并解决了不同接入技术统一认证问题。

(3) IPv6 DNS 根服务器实验系统加入了国际 IPv6 根服务器实验床，成为 6None 骨干节点，支持内容寻址、多语种域名、ENUM，具有性能高、安全功能强的特点。

3.2 中国下一代互联网示范工程

中国下一代互联网(China's Next Generation Internet，CNGI)示范工程于 2003 年启动，由信息产业部、科技部、教育部、国家发展和改革委员会、国务院信息化工作办公室、中国科学院、中国工程院和国家自然科学基金委员会八个部委联合发起，并经国务院批准。从 2005 年正式开始实施，主要有 CNGI 工程的研究开发、产业化、应用试验和规模商用等工作。

CNGI 工程分为三个阶段：第一个阶段从 2005 年到 2008 年，以技术研究和应用示范为主，目标是搭建试验环境，研究下一代互联网及其重大应用的关键技术，为大规模产业化提供孵化环境，确立我国在下一代互联网标准、技术和产业上的重要地位；第二阶段从 2008 年到 2014 年，以规模商用为主，目标是制定大规模公用网络由 IPv4 向 IPv6 平滑演进过渡方案，并且实现基于 IPv4 和 IPv6 两种不同技术的业务互联互通；第三个阶段从 2014 年开始，目标是建成 CNGI 示范城市，突出特色应用，树立样板工程，从而形成有利于更大规模应用的示范效应。

CNGI 工程在实施和建设的过程中取得了丰硕的成果：第一，通过 CNGI 工程，建成了大规模下一代互联网商用网络。CNGI 工程推动了我国三大运营商的网络升级改造和 CERNET2 示范网络的建设，实现了和美国、欧洲、亚太地区的下一代互联网的互联。第二，推动了我国域名系统建设，加快了商业公司和政府网站向 IPv6 迁移。第三，为重大科研项目和新型业务提供了试验床，如为 973、863、自然科学基金等计划，以及教育部、中国科学院等单位组织的国家科研计划重大项目的实施提供了技术研发的实验环境。第四，推动了标准制定和国产网络设备产业化。CNGI 组织实施过程中，形成了国家标准 4 项，提交国标草案 10 多项，向 IETF 提交 RFC 技术标准草案 12 项，其中 2 项获得批准。第五，取得了一批具有示范性作用的应用成果，在我国经济与社会建设中，部分成果已发挥积极作用。第六，增强了我国的自主创新能力。CNGI-CERNET2 项目被评为“2006 年中国十大科技进展”，并获得 2007 年国家科技进步奖二等奖。据不完全统计，在 CNGI 建设过程中，共申请国内专利 763 项，国外专利 17 项。第七，CNGI 的实施使数千科技人员特别是青年科技人员得到了锻炼，为我国互联网事业的发展奠定了良好的人才基础，储备了宝贵的人才资源。

3.3 雪 人 计 划

2014 年开始，我国下一代互联网关键技术和评测北京市工程研究中心(CFIEC)联合日本的 WIDE 项目和美国专家 Paul Vixie 发起了基于全球 IPv6 根服务器的探索与研究。2015 年 6 月，CFIEC 在阿根廷召开的第 53 届 ICANN 会议上发布了全球 IPv6 根服务器系统项目“雪人计划”。

在根服务器关键技术方面，“雪人计划”对 IPv6 根服务器扩展技术、数据生成多方签名技术、DNS 加密传输协议、DNS 消息分片技术、IPv6-only DNS 过渡方案、IPv6 根服务器监控和运维技术等展开了研究。目前已掌握了 IPv6 根服务器关键技术的研发和技术扩展，包括根区文件生成、根区文件分发、根区文件密钥轮转、支持 IPv4 和 IPv6 双栈尤其是纯 IPv6 环境、实现三方加密等。

“雪人计划”的 IPv6 根服务器系统联合了美国、日本、印度、俄罗斯、欧盟等 15 个国家和地区的相关机构开展了 IPv6 根服务器全球试运营。除以上的国家和地区外，CFIEC 还在南半球、“一带一路”等地区部署运行多个 IPv6 根服务器。截至 2016 年 9 月，已部署 25 个 IPv6 根服务器。根服务器的均衡分布实现了互联网的合理共治。截至 2016 年 9 月，“雪人计划”的 IPv6 根服务器在中国的日访问量已超过 8000 万次，在国际上的日访问量也已突破 2000 万次。

3.4 产业界对 IPv6 的支持

国家下一代互联网产业技术创新战略联盟自从 2014 年 12 月 8 日创立以来,积极探索我国下一代互联网产业发展。联盟积极推动实施“IPv6 百城千镇升级工程”和“全球软硬件终端升级工程”。IPv6 百城千镇升级工程，在运营商已有网络升级的基础上，通过实施 IPv4-IPv6 互联互通云交换中心整体方案，拉动终端和应用同步升级支持 IPv6。目前，该工程已在北京、福建、浙江、辽宁落地，已有 20 多个意向城市和 5 个意向大型行业,并计划在 2018 年完成全国及部分“一带一路”国家部署。全球软硬件终端升级工程于 2016 年 11 月 16 日启动，计划通过在手机、机顶盒、电脑、电视、家庭网关、ZigBee 网关、北斗等智能终端植入嵌入式互联互通软件模块，实现向 IPv6 升级。通过该方案可以快速、平滑及低成本实现一个区域过渡到以 IPv6 为核心的下一代互联网。

中国通信设备企业经过多年的研发，相关的产品基本上已支持 IPv6。2011 年华为公司的网络产品就获得 IPv6 Ready 标志，自研的统一软件平台(VRP)支持 IPv6 控制和管理协议，以及部分 IPv6 过渡技术，自研芯片和单板支持 IPv6。华为公司已在为运营商提供 IPv6 整体方案。中兴和烽火网络公司成为通过 IPv6 Ready 认证企业。路由器及交换机等网络产品支持 IPv6 协议、IPv6 VPN、基本的 IPv6

过渡技术。中兴公司未来将利用 SDN 架构实施 IPv6 演进。其他通信设备企业的路由器及三层交换机也基本支持 IPv6。截至 2016 年 9 月，全球已有超过 2000 余款设备通过 IPv6 论坛测试认证，中国、美国、日本依次位列认证排名前三位的国家。

3.5 基于真实 IPv6 源地址的网络寻址体系结构

IPv4 对 IP 数据报文的分发机制缺少数据报文级别的真实性验证。恶意攻击者利用这种体系结构上的缺陷可以发起多种方式的攻击。如，通过伪造报文 IP 源地址，假冒源端用户实施不法攻击，但是接收方却不能判别报文中的源 IP 地址的真实性，也就无法判别收到的报文是否来自真实的发送方。2009 年，针对上面提到的源地址验证问题，以国内大学为主的科研单位，提出了基于真实 IPv6 源地址的网络寻址体系结构（Source Address Validation Architecture, SAVA），设计并实现了可信任的互联网基础设施、安全服务和典型应用。SAVA 完成 1 项 RFC5210 标准，提交 4 项标准草案，并成立 IETF 专门工作组 SAVI。

具体而言，利用网络本身的分层结构，真实 IPv6 源地址验证体系结构被分为接入网真实源地址验证、域内真实源地址验证，以及域间真实源地址验证三部分。最底层靠近用户侧使用的是接入网真实源地址验证技术。该技术通过真实 IPv6 地址准入验证服务器、真实 IPv6 地址准入交换机和真实 IPv6 地址准入客户端 3 个部分构成的系统对用户进行准入控制，从而保证用户接入到互联网上就是真实的身份。对于每个自治系统(自治域)，域内真实源地址技术直接采用了成熟的 RFC2827 和 RFC3704 提供的验证方案。对于不同的自治系统(自治域)之间的源地址验证技术，可以细分为邻接部署和非邻接部署两种方案。邻接部署方案使用到了自治系统互联关系，在自治系统边界上，路由器生成和每一个路由器接口关联的真实 IPv6 源地址验证规则表，并对来自其他自治域 IPv6 源地址的分组进行验证检查。非邻接部署方案是将部署本方案的域组成一个信任联盟，各个域的控制服务器交换彼此的地址空间信息和协商签名信息，分发到每个域的边界路由器。边界路由器在发送的 IPv6 分组中增加 IPv6 逐跳扩展报头存放签名信息，并在收到的 IPv6 分组中检查对应报头中的签名是否正确来验证分组源地址的合法性[18]。

真实 IPv6 源地址验证体系结构系统已经在中国教育科研网络(CNGI-CERNET2)上部署与运行，并且联合了多家国内外机构、运营商与设备制造商，国内主要有：CERNET2、中国移动和中国电信等。国外主要有：第二代泛欧洲教育和科研数据网络(GEANT2)、第二代韩国研究环境开放网络(KREONet2)、第三代跨欧亚信息网络(TEIN3)和亚太高等计算机网络日本站(APAN-JP)。通过和多个机构网络互联，提供了多个全局独立的自治域，为学术界和工业界致力于解决源地址假冒的问题提供了多自治域的、开放的实验平台。

3.6　IPv4 over IPv6 过渡技术

随着 IPv6 技术的规模部署，会有大量的纯 IPv6 主干网建成，原有的 IPv4 网络将逐步需要通过 IPv6 主干网实现互联互通。当前提出的一些方案，如 IPv6 通用隧道、DSTM 技术和基于 MPLS 的隧道等，虽然能够在一定程度上解决上述问题，但存在如可扩展性差、协议机制复杂或者网络核心改动较大等问题。2008 年，提出“4over6 网状体系结构”过渡技术，设计实现了基于动态非显性隧道的 4over6 系统。该系统对核心路由协议 BGP 进行了扩展，提出了新的子地址簇表示，利用面向大规模的分布式设计，解决 IPv4 和 IPv6 兼容、可管理、可扩展、可靠性和自动配置等难题。该工作在国际上推动了 IETF 成立专门的工作组 Softwire[19]。截至 2018 年，Softwire 工作组已经有 27 项 RFC 被接受。国际互联网编号分配机构(Internet Assigned Numbers Authority，IANA)也已为 4over6 协议分配了特定子地址簇标识符“SAFI=67”。

4over6 技术架构包括两个平面：控制平面和数据平面。控制平面主要解决如何通过隧道端点发现机制建立 4over6 隧道的问题。数据平面解决 IPv6 分组封装和解封装的转发处理问题。具体而言，在控制平面，4over6 技术扩展 MP-BGP 路由协议，PE 路由器上建立无状态 4over6 隧道，PE 路由器与 CE 路由器之间通过域内或域间 IPv4 路由协议交互 IPv4 路由。在数据平面，入口路由器对原始 IPv4 分组进行封装并转发，出口路由器对分组进行解封装，转发到目标的 IPv4 网络。

和其他机制相比，4over6 机制有如下优点[20]：

(1) 扩展标准的 BGP 协议来实现动态配置，配置方法简单。

(2) 因为 BGP 协议动态发现目的地址和隧道端点地址的映射关系，所以不需要对 IPv6 地址配置特殊的前缀。

(3) 该机制不依赖组播技术的支持，可以正常工作。

(4) 该系统强调分布式的设计和实现，网络中不会出现单一故障点。

(5) 隧道的建立由 BGP 协议的自动发现来完成，同时 BGP 路由之间的通信可以进一步简化，该技术有非常强的扩展性。

3.7 IVI 技术

可以预见，IPv4 到 IPv6 的切换需要比较漫长的时间。在过渡过程中，大量的 IPv4 应用仍将存在并以缓慢的速度逐步过渡到 IPv6。但是，IPv4 和 IPv6 的不兼容性使得 IPv6 和 IPv4 资源的互相访问出现了巨大的鸿沟，这将阻碍 IPv6 网络的进一步部署和应用。因此，IPv4 网络和 IPv6 网络之间互访问题成了 IPv4 到 IPv6 过渡方案中亟待解决的关键问题。

上述问题的解决依赖于 IPv4/IPv6 翻译技术，这种翻译技术可以分为有状态翻译技术和无状态翻译技术两种。有状态翻译技术是指在翻译设备(如路由器)中动态产生并维护 IPv4 地址和 IPv6 地址之间的映射关系。相反，通过预先设定算法维护映射关系称为无状态翻译。IETF 在历史上已经通过的翻译技术标准为 RFC2765 和 RFC2766，但是两者因为具有实用性问题和可扩展性问题，已经归为历史性技术标准。通过建设 IPv6 网络，我国学者取得了大量实践经验，提出了基于运营商路由前缀的无状态 IPv4/IPv6 翻译技术 IVI，比较彻底地解决了 IPv4/IPv6 翻译过渡技术的问题。

以我国学者为第一作者或核心作者的无状态翻译 IVI 系列技术目前已经形成IETF的9项RFC，包括：RFC6052、RFC6144、RFC6145、RFC6219、RFC6791、RFC7597、RFC7598、RFC7599、RFC7915，已被后续发布的 RFC 引用 150 次以上。

此外，我国学者也积极参与 IETF 在 Transport 领域 BEHAVE 工作组的相关 RFC 的制定，发布了 RFC6052。RFC6052 中定义了 IPv4/IPv6 地址的翻译机制，包括有状态翻译(NAT64)和无状态翻译(IVI)，以及两种翻译技术使用的条件、使用的场景和对路由、网络管理和网络安全的影响。RFC6052 是对 IPv6 技术核心标准 RFC4291 的重要更新和补充[21]。

第 4 章　我国未来展望

随着物联网、工业互联网、4G/5G 等新兴技术的发展，网络与应用对 IPv6 的需求日渐增加。中国政府积极推进部署 IPv6，出台了多项政策方针，大力推动 IPv6 的建设。在可以预见的将来，IPv6 将有更加长足的发展，会促进更多的新兴公司、部门和产业的产生。

4.1　政府的高度重视将积极推进 IPv6 的部署

我国 IPv6 用户一直保持在 500 万左右，大约占所有网络用户的 0.3%。而作为对比，美国 IPv6 用户占比超过 40%，印度也达到了 50%，比利时更达到了 56%。

为了推动 IPv6 的部署和建设，改变中国 IPv6 发展落后的情况，在近两三年，国家密集部署了多项相关政策和规划，包括《信息通信行业发展规划(2016—2020 年)》《关于深化“互联网+先进制造业”发展工业互联网的指导意见》《推进互联网协议第六版(IPv6)规模部署行动计划》等。

可以预见，我国政府通过全面推进与部署 IPv6 方面的政策，将会促进实体经济与互联网的深度融合，为互联网的发展开辟更大的市场。为此，社会各方要抓住信息技术的发展机遇，适应智能社会的发展需求，强化技术创新带来的驱动力，大力发展数字经济。

4.2　4G/5G 为 IPv6 发展带来的机遇

随着 4G 技术的大范围普及，移动数据业务需要更多地址空间。按照 4G 标准，每个 LTE 终端需要至少分配一个 IPv4 地址，而且要保持永久在线。每个 VoLTE 终端至少需要两个永久在线的 PDN 连接，一个用于互联网访问，一个用于语音通信。GSMA 已建议 VoLTE 终端支持 IPv6 是必选功能，在终端同时获得 IPv4 和 IPv6 地址时，必须优先使用 IPv6 发起 P-CSCF 发现。3GPP 早在提出 IMS(IP 多媒体子系统)概念时，即考虑 IMS 永久在线的特性对 IP 地址的巨大需求，明确将 IPv6 确定为 IMS 的强制支持的协议版本。未来 5G 的标准将进一步向 IPv6 单栈引导，带来设计的简化。中国移动已要求全网 LTE 支持 IPv4/IPv6 双栈，VoLTE 已明确采用纯 IPv6 接入，对每个用户只分配 IPv6 地址，不再分配 IPv4 地址。到目前为止中国移动 VoLTE 商用城市达到 310 个,已发展 7000 万 VoLTE 用户，使用 IPv6 单栈接入。

目前，中国已经步入 4G 时代，5G 相关的设备和技术也在积极的部署中，5G 商用手机也已经发布，我们正大步从 4G 时代迈入 5G 时代，对 IPv6 地址和技术的需求也会日益增加。

4.3　物联网为 IPv6 发展带来的机遇

“万物互联”的概念已经深入人心，但是 IPv4 带来的地址匮乏、对移动性支持不足、QoS 质量没有保证、安全性和可靠性不高等，给物联网的进步和发展带来了非常大的限制。

(1) IPv6 拥有非常巨大的地址空间。一方面，IPv6 使用 128 比特地址标识，可以完全满足物联网中海量移动节点标识的需求，甚至可以做到对每一粒沙子进行标识。另一方面，与 IPv4 相比，IPv6 采用了无状态地址分配方案，高效分配海量地址，大大简化了地址分配过程。

(2) IPv6 对移动性有更加良好的支持。在 MIPv4 网络下，每一传感器均需单独建立到家乡代理的隧道连接，对网络资源有非常大的需求。然而，在 MIPv6 网络中，只有当传感器进行群切换时才需要向家乡代理注册，之后的通信只需在传感器和数据采集设备之间直接进行，这样大大降低了网络资源的消耗。

(3) 在 QoS 方面，IPv6 在其数据包结构中定义了流量类别和流标签字段，使自定义特定应用的 QoS 有了更大的自由度。物联网节点间的应用可以利用上述机制，只在必要时选择符合应用需要的服务质量等级，对该数据流打上相同的标记，就可做到网络按应用的需要来分配服务质量。

(4) IPv6 也对安全性和保密性做了改进，将 IPsec 协议直接嵌入到了基础协议栈中。通信两端可以启用 IPsec 加密通信的信息和通信过程，从而防止黑客使用中间人攻击的方式对通信进行破坏。

综上所述，IPv6 将成为物联网应用的基础网络技术。

因此，随着物联网的快速发展，IPv6 也将迎来大的发展机遇。

4.4 互联网应用的创新空间

正如 3G 的发展不仅让 2G 流行的 WAP 应用更快速，而且催生了微信、滴滴打车、移动支付这些之前不可想象的应用。IPv6 相比于 IPv4 具有突出特点，如海量地址、安全性、移动性，使得万物可标识、万物可在线，从而能够带来划时代的产业革命。可能的新产业有：

(1) 物联网运营商的诞生。随着“万物互联”时代的到来，机器人、家电、汽车、高端设备制造商有可能成为物联网运营商。设备智能化、网络带宽化，设备可以被准确表示并实时在线，可以为用户提供更加丰富、更加便捷、更加专业的服务。

(2) 面向人与物、物与物的新型互联网应用的出现。随着设备的智能化，不仅人与物之间有了更强的沟通需求，物与物之间也会产生复杂而密集的交互，这会催生一大批针对智能物品的应用。

(3) 互联网架构的重构。伴随着 IPv6 的迁移，基础互联网的架构将发生大的重构，国内各个企业可以抓住机遇，基于该架构促进新技术和应用的产生，实现自主可控的互联网，增强我国在互联网空间的话语权。

IPv6 所能产生的新应用和行业不仅限于上面所列内容，更多颠覆性的应用和产业需要社会各方开展更加深入的合作，进行更加大胆的创新，产生更加深度的融合。像 IPv6 产业联盟等社会机构可以积极发挥产业中的统筹协调作用，共建专利池，形成利益共同体，从而推动上下产业链、各个环节共同发展。

第 5 章　致谢

本书在撰写过程中，得到了清华大学李星教授的建设性修改意见，以及王松涛、李峻峰、程阳、王砚舒、王帅、刘天峰等同志的大力支持。感谢余少华院士对本书立项、定位，中间各阶段的学术评审把关，最后审定和修改。在此一并致谢。

作者：吴建平　李　丹

参 考 文 献

[1] The state of the Internet in Q4, 2018. https://wearesocial.com/blog/2018/10/the-state-of-the-internet-in-q4-2018.

[2] RFC2460. https://tools.ietf.org/html/rfc2460.

[3] The state-of-ipv6-deployment, 2017. https://www.internetsociety.org/resources/doc/2017/state-of-ipv6-deployment-2017/.

[4] Statistics of IPv6, 2019. https://www.google.com/intl/en/ipv6/statistics. html#tab=ipv6-adoption&tab=ipv6-adoption%EF%BC%8C.

[5] 6lab 全球 IPv6 内容提供商情况统计, 2018. http://6lab.cisco.com/stats/cible.php?country=world&option=content.

[6] 6lab 全球 IPv6 部署情况统计, 2018. http://6lab.cisco.com/stats/cible. php?country=world&option=prefixes.

[7] 6lab 全球 IPv6 运营商情况统计, 2018. http://6lab.cisco.com/stats/cible. php?country=world&option=network.

[8] 中共中央关于制定国民经济和社会发展第十三个五年规划的建议, 2015.

[9] 信息通信行业发展规划(2016—2020 年), 2016.

[10] 推进互联网协议第六版(IPv6)规模部署行动计划, 2017.

[11] 教育部办公厅关于贯彻落实《推进互联网协议第六版(IPv6)规模部署行动计划》的通知, 2018.

[12] 国务院办公厅关于印发《2018 年政务公开工作要点》的通知, 2018.

[13] 财政部关于印发《政务信息系统政府采购管理暂行办法》的通知, 2017.

[14] 6lab 全球 IPv6 统计数据, 2018. http://6lab.cisco.com/stats/index.php?option=all.

[15] 中国互联网络发展状况统计报告, 2018. http://cac.gov.cn/wxb_pdf/CNNIC42.pdf.

[16] 国家下一代互联网产业技术创新战略联盟. 支撑中国 IPv6 规模部署——中国 IPv6 业务端到端贯通用户体验检测报告(第一期), 2018.

[17] 6lab 中国 IPv6 内容提供商情况统计, 2018. http://6lab.cisco.com/ stats/cible.php?country=CN&option=all.

[18] 清华大学信息网络工程和研究中心. 实现真实源地址验证体系结构. 中国教育网络, 2009(10): 20-22.

[19] Softwire 工作组, 2018. http://datatracker.ietf.org/wg/softwire/documents/.

[20] IPv4 over IPv6 网状体系结构, 2018. http://www.edu.cn/cernet_fu_wu/

internet_n2/200806/t20080620_303868.shtml.
[21] 包丛笑, 李星. IPv4/IPv6 过渡的核心技术标准 RFC6052. 中国教育网络, 2010(12): 28-29.